Mina Kumari

Desvendar os mistérios: A ciência por detrás dos fenómenos do dia a dia

Mina Kumari

Desvendar os mistérios: A ciência por detrás dos fenómenos do dia a dia

ScienciaScripts

Imprint

Any brand names and product names mentioned in this book are subject to trademark, brand or patent protection and are trademarks or registered trademarks of their respective holders. The use of brand names, product names, common names, trade names, product descriptions etc. even without a particular marking in this work is in no way to be construed to mean that such names may be regarded as unrestricted in respect of trademark and brand protection legislation and could thus be used by anyone.

Cover image: www.ingimage.com

This book is a translation from the original published under ISBN 978-620-7-80999-8.

Publisher:
Sciencia Scripts
is a trademark of
Dodo Books Indian Ocean Ltd. and OmniScriptum S.R.L publishing group

120 High Road, East Finchley, London, N2 9ED, United Kingdom
Str. Armeneasca 28/1, office 1, Chisinau MD-2012, Republic of Moldova, Europe
Printed at: see last page
ISBN: 978-620-8-15764-7

Prefácio

Na vasta tapeçaria da história humana, poucas actividades têm sido tão transformadoras como a ciência. É um farol de curiosidade, uma busca de compreensão e uma viagem ao desconhecido. Este livro, "Ciência em Movimento: A Viagem da Descoberta", tem como objetivo captar a essência desta notável viagem, destacando os marcos, os desafios e os triunfos que definiram os nossos esforços científicos. Através destas páginas, percorreremos as paisagens das observações antigas, das teorias revolucionárias e dos avanços de ponta da atualidade. Esta não é apenas uma crónica de factos, mas uma celebração do espírito humano que procura desvendar os mistérios do universo.

Cordiais cumprimentos, Dra. Mina Kumari

Índice

Capítulo 1: As maravilhas da luz e Cor

Introdução

A luz e a cor são aspectos essenciais das nossas experiências quotidianas. Desempenham um papel importante na forma como percepcionamos o mundo à nossa volta e influenciam várias aplicações científicas e tecnológicas. Este capítulo aborda a natureza da luz, a ciência por detrás da razão pela qual o céu é azul, a criação do arco-íris e a forma como percepcionamos a cor.

A natureza da
luz

Introdução

A luz é um aspeto fascinante e fundamental do nosso universo. Permite-nos ver, influencia o crescimento das plantas, alimenta várias tecnologias e desempenha um papel crucial em numerosos processos naturais. Para compreender a natureza da luz é necessário explorar as suas propriedades, o seu comportamento e a forma como interage com a matéria.

Dualidade onda-partícula

Um dos aspectos mais intrigantes da luz é a sua dualidade onda-partícula, o que significa que apresenta simultaneamente propriedades de onda e de partícula.

- **Propriedades da onda**: Como onda, a luz faz parte do espetro eletromagnético e é caracterizada pelo seu comprimento de onda, frequência e velocidade. Estas propriedades determinam a sua cor, energia e a forma como se propaga através de diferentes meios.

    - **Comprimento de onda**: A distância entre os picos consecutivos de uma onda. Os comprimentos de onda da luz visível vão de aproximadamente 380 nanómetros (violeta) a 750 nanómetros (vermelho).

    - **Frequência**: O número de ciclos de onda que passam por um determinado ponto por segundo. Uma frequência mais elevada corresponde a comprimentos de onda mais curtos e a uma energia mais elevada.

    - **Velocidade da luz**: No vácuo, a luz viaja a aproximadamente 299,792 quilómetros por segundo (km/s). A velocidade da luz num meio depende do índice de refração do meio, o que a torna mais lenta em comparação com a sua velocidade no vácuo.

- **Propriedades das partículas**: A luz também pode ser descrita como sendo constituída por partículas chamadas fotões. Os fotões são pacotes discretos de energia que exibem comportamentos semelhantes aos das partículas, tais como serem contados individualmente ou darem impulso a objectos.

Espectro eletromagnético

A luz é uma parte do espetro eletromagnético, que inclui todos os tipos de radiação electromagnética, cada uma com um comprimento de onda e uma frequência diferentes.

- **Ondas de rádio**: Têm os comprimentos de onda mais longos e as frequências mais baixas. Utilizadas em tecnologias de comunicação como a rádio, a televisão e os telemóveis.

- **Micro-ondas**: Utilizadas na cozinha, no radar e em certas tecnologias de comunicação.

- **Infravermelhos (IR)**: Experienciado como calor, utilizado em imagens térmicas, controlos remotos e várias tecnologias de deteção.

- **Luz visível**: A única parte do espetro visível ao olho humano, que vai do violeta (comprimento de onda mais curto) ao vermelho (comprimento de onda mais longo).

- **Ultravioleta (UV)**: Tem uma energia superior à da luz visível, pode provocar queimaduras solares e é utilizado na esterilização e na fluorescência.

- **Raios X**: Penetram a maior parte dos materiais, sendo utilizados em imagiologia médica e em controlos de segurança.

- **Raios gama**: Têm os comprimentos de onda mais curtos e as frequências mais elevadas, produzidos por átomos radioactivos e certas reacções nucleares, utilizados no tratamento do cancro e na investigação em física de alta energia.

Velocidade da luz

A velocidade da luz é uma constante fundamental da física, crucial para a nossa compreensão do universo.

- **No vácuo**: A velocidade da luz é de aproximadamente 299,792 quilómetros por segundo (km/s), frequentemente designada por ccc.

- **Em diferentes meios**: A luz torna-se mais lenta quando atravessa materiais que não o vácuo. O grau de abrandamento depende do índice de refração do meio. Por exemplo, a luz viaja mais devagar na água (índice de refração ~1,33) e ainda mais devagar no vidro (índice de refração ~1,5).

Refração

A refração é a curvatura da luz quando esta passa de um meio para outro com um índice de refração diferente. Esta alteração de velocidade resulta na mudança de direção.

- **Lei de Snell**: Descreve como a luz se curva quando entra num meio diferente.

Difração e interferência

A luz apresenta comportamentos semelhantes a ondas, como a difração e a interferência.

- **Difração**: A curvatura das ondas de luz em torno de obstáculos ou através de aberturas. A extensão da difração depende do comprimento de onda da luz e do tamanho do obstáculo ou da abertura.

- **Interferência**: O fenómeno em que duas ou mais ondas de luz se sobrepõem e combinam. Dependendo da sua relação de fase, isto pode resultar numa interferência construtiva (luz mais brilhante) ou numa interferência destrutiva (luz mais fraca).

Polarização

A polarização é a orientação das ondas de luz numa determinada direção. A luz não polarizada consiste em ondas que vibram em vários planos, enquanto a luz polarizada vibra num único plano.

- **Filtros Polarizadores**: Utilizados em óculos de sol e lentes de câmaras para reduzir o encandeamento, bloqueando determinadas orientações das ondas de luz.

- **Aplicações**: A luz polarizada é utilizada em várias tecnologias, incluindo ecrãs de cristais líquidos (LCD), filmes 3D e análise de tensões em materiais transparentes.

Mecânica quântica e fotões

A mecânica quântica fornece uma compreensão mais profunda da natureza de partícula da luz.

- **Fotões**: Partículas elementares que transportam energia proporcional à frequência da luz.

- **Efeito fotoelétrico**: Demonstra a natureza de partícula da luz. Quando a luz incide sobre uma superfície metálica, pode ejetar electrões do metal, um fenómeno explicado por Einstein utilizando o conceito de fotões.

Aplicações da luz

As propriedades da luz permitem uma vasta gama de aplicações práticas.

- **Fibras ópticas**: Utilizam a reflexão interna total para transmitir luz a longas distâncias com perdas mínimas, o que é crucial para as telecomunicações.

- **Lasers**: Emitem luz coerente através de emissão estimulada, utilizada em procedimentos médicos, corte e soldadura de materiais e em várias formas de comunicação.

- **Espectroscopia**: Analisa a luz absorvida ou emitida por substâncias para identificar a sua composição, muito utilizada em química, astronomia e ciências ambientais.

Porque é que o céu é azul?

A cor azul do céu deve-se a um fenómeno conhecido como dispersão de Rayleigh.

- **Dispersão de Rayleigh**: Quando a luz solar entra na atmosfera da Terra, colide com moléculas de gás e partículas minúsculas. Estas moléculas e partículas dispersam os comprimentos de onda mais curtos da luz (azul e violeta) mais eficazmente do que os comprimentos de onda mais longos (vermelho e amarelo). Como os nossos olhos são mais sensíveis à luz azul e a atmosfera superior absorve alguma da luz violeta, o céu parece-nos azul.

- **Pôr e nascer do Sol**: Durante o nascer e o pôr do sol, a luz do Sol tem de passar por uma maior espessura da atmosfera terrestre. Isto dispersa os comprimentos de onda mais curtos e permite que os comprimentos de onda mais longos (vermelhos e laranjas) dominem, dando ao céu as suas belas cores nestas alturas.

Arco-íris: A exibição espetacular da natureza

Os arco-íris são um dos fenómenos mais belos e inspiradores da natureza. Ocorrem quando a luz solar interage com as gotas de chuva na atmosfera, criando um arco circular de cores. Compreender a ciência por detrás dos arco-íris envolve a exploração dos princípios de refração, dispersão e reflexão.

Formação de um arco-íris

A criação de um arco-íris envolve vários processos-chave: refração, dispersão e reflexão da luz nas gotículas de água.

- **Refração**: Quando a luz solar entra numa gota de chuva, abranda e dobra-se devido à mudança de meio do ar para a água. Esta curvatura da luz é designada por refração. A quantidade de curvatura depende do comprimento de onda (cor) da luz, com os comprimentos de onda mais curtos (azul e violeta) a curvarem-se mais do que os comprimentos de onda mais longos (vermelho e amarelo).

- **Dispersão**: À medida que a luz se refracta ao entrar na gota de chuva, dispersa-se nas suas cores constituintes, porque os diferentes comprimentos de onda se curvam em quantidades diferentes. Esta separação de cores é o que vemos como o espetro num arco-íris.

- **Reflexão interna**: No interior da gota de chuva, a luz dispersa reflecte-se na superfície interna da gota. Esta reflexão é crucial para direcionar a luz para fora da gota.

- **Segunda Refração**: Quando a luz reflectida internamente sai da gota de chuva, refracta-se novamente. Esta segunda refração separa ainda mais as cores e direciona-as para o observador, criando o arco visível do arco-íris.

Arco-íris primário e secundário

- **Arco-íris primário**: O arco-íris primário é o mais comum e mais brilhante. Forma-se quando a luz sofre uma reflexão interna dentro da gota de chuva. As cores de um arco-íris primário estão dispostas com o vermelho na extremidade exterior e o violeta na extremidade interior.

- **Arco-íris secundário**: Por vezes, um arco-íris secundário pode ser visto fora do arco-íris primário. Forma-se quando a luz sofre duas reflexões internas dentro da gota de chuva. Devido à reflexão extra, as cores do arco-íris secundário são invertidas, com o vermelho na borda interna e o violeta na borda externa. Os arco-íris secundários são mais fracos e têm um raio maior do que os arco-íris primários, porque se perde mais luz durante a segunda reflexão interna.

Forma e tamanho do arco-íris

Os arco-íris aparecem como arcos circulares devido à forma como a luz é refractada e reflectida no interior das gotas de chuva. Cada observador vê um arco-íris único porque as gotas de chuva específicas que reflectem a luz do sol para os seus olhos estão em locais diferentes. O centro do arco do arco-íris está diretamente oposto ao sol, com a sombra do observador (ponto anti-solar) no centro.

- **Ângulo de observação**: O ângulo em que a luz refractada sai da gota de chuva em relação à luz solar que entra é tipicamente cerca de 42 graus para o arco-íris primário e cerca de 51 graus para o arco-íris secundário. Este ângulo determina o tamanho do arco do arco-íris.

- **Arco-íris de círculo completo**: Embora normalmente vejamos os arco-íris como arcos, eles são na verdade círculos completos. O solo obstrui a metade inferior do círculo, tornando o arco visível. A partir de pontos altos, como um avião, pode por vezes ver-se um arco-íris de círculo completo.

Variações de cor e arco-íris supranumerários

- **Intensidade da cor**: A intensidade das cores de um arco-íris pode variar em função de factores como o tamanho das gotas de chuva e o ângulo da luz solar. As gotas de chuva maiores produzem cores mais brilhantes e distintas, enquanto as gotas mais pequenas criam cores mais ténues e misturadas.

- **Arco-íris Supranumerário**: Ocasionalmente, podem ser vistos arcos adicionais ténues e pouco espaçados no interior do arco-íris primário. Estes são chamados arco-íris supranumerários e resultam da interferência de ondas de luz. Os arco-íris supranumerários têm cores pastel e são mais comuns quando as gotas de chuva são pequenas e de tamanho uniforme.

Importância cultural e científica

Os arco-íris têm sido uma fonte de maravilha e inspiração ao longo da história da humanidade. Aparecem em várias mitologias, religiões e tradições culturais como símbolos de esperança, promessa e ligação entre o céu e a terra.

- **Mitologia e folclore**: Muitas culturas têm mitos e lendas em torno do arco-íris. Por exemplo, na mitologia nórdica, uma ponte de arco-íris (Bifröst) liga a Terra ao reino dos deuses. No folclore irlandês, diz-se que os duendes escondem os seus potes de ouro no fim dos arco-íris.

- **Estudo científico**: O estudo científico dos arco-íris tem uma longa história. No século XVII, Sir Isaac Newton utilizou um prisma para demonstrar que a luz branca podia ser separada nas suas cores componentes, ajudando a explicar a formação dos arco-íris. A compreensão dos arco-íris também contribui para um conhecimento mais alargado da ótica e das ciências atmosféricas.

Os arco-íris são uma demonstração esplêndida da interação entre a luz e a água. Os processos de refração, dispersão e reflexão nas gotas de chuva combinam-se para criar os vibrantes arcos de cor que nos cativam e inspiram. Ao compreender a ciência por detrás dos arco-íris, ganhamos uma apreciação mais profunda deste espetáculo natural e do intrincado funcionamento do mundo natural.

A ciência da perceção da cor

A perceção das cores é um processo complexo que envolve a interação da luz com os objectos e o sistema visual humano. Determina a forma como percepcionamos e diferenciamos as várias cores no nosso ambiente. Este tópico explora os mecanismos da perceção da cor, incluindo as propriedades físicas da luz, as estruturas biológicas dos nossos olhos e os processos neurológicos do nosso cérebro.

Propriedades físicas da luz e da cor

A cor tem origem na luz, que é uma forma de radiação electromagnética. O espetro visível é uma pequena porção do espetro eletromagnético que os olhos humanos conseguem detetar, variando entre aproximadamente 380 e 750 nanómetros de comprimento de onda.

- **Comprimento de onda e cor**: O comprimento de onda da luz determina a sua cor.

Os comprimentos de onda mais curtos correspondem à luz azul e violeta, enquanto os comprimentos de onda mais longos correspondem à luz vermelha. Os comprimentos de onda intermédios aparecem como verde, amarelo e laranja.

- **Reflexão e absorção**: Os objectos parecem coloridos com base nos comprimentos de onda da luz que reflectem e absorvem. Por exemplo, uma maçã vermelha parece vermelha porque reflecte comprimentos de onda vermelhos e absorve outras cores.

Anatomia e função do olho humano

O olho humano é um órgão sofisticado que detecta a luz e a converte em sinais eléctricos, que são depois processados pelo cérebro.

- **Córnea e lente**: A luz entra primeiro no olho através da córnea, que ajuda a focar a luz. A lente refina ainda mais este foco, direcionando a luz para a retina.

- **Retina**: A retina é uma camada de células fotorreceptoras na parte posterior do olho. Contém dois tipos principais de fotorreceptores: os bastonetes e os cones.

    - **Bastonetes**: Sensíveis a níveis de luz baixos e responsáveis pela visão nocturna. Não detectam a cor.

    - **Cones**: Responsáveis pela visão de cores e funcionam melhor com luz brilhante. Existem três tipos de cones, cada um sensível a diferentes gamas de comprimentos de onda correspondentes à luz vermelha, verde e azul.

Fototransdução: Conversão da luz em sinais

A fototransdução é o processo pelo qual as células fotorreceptoras da retina convertem a luz em sinais eléctricos.

- **Fotopigmentos**: Os cones contêm fotopigmentos que reagem a comprimentos de onda específicos da luz. Quando a luz atinge estes fotopigmentos, desencadeia uma alteração química que gera um sinal elétrico.

- **Transmissão de sinais**: Estes sinais eléctricos são transmitidos através do nervo ótico para o cérebro, onde são processados para criar a perceção da cor.

Processamento de cores no cérebro

O cérebro desempenha um papel crucial na interpretação dos sinais eléctricos dos olhos e na criação da perceção da cor.

- **Córtex visual**: Localizado no lobo occipital, na parte posterior do cérebro, o córtex visual processa a informação visual. Diferentes áreas do córtex visual são especializadas no processamento de vários aspectos da visão, incluindo a cor.

- **Teoria do Processo de Oposição**: O cérebro processa a informação sobre as cores utilizando pares de cores opostas: vermelho-verde, azul-amarelo e preto-branco. Esta teoria explica certos fenómenos de visão cromática, como a razão pela qual não vemos cores verde-avermelhadas ou amarelo-azuladas.

- **Constância da cor**: O cérebro ajusta a nossa perceção da cor para ter em conta as alterações nas condições de iluminação, assegurando que as cores parecem consistentes sob diferentes tipos de iluminação.

Deficiências de visão a cores

Algumas pessoas têm deficiências de visão cromática, vulgarmente conhecidas como daltonismo, que afectam a sua capacidade de perceber determinadas cores.

- **Tipos de daltonismo**: As formas mais comuns são o daltonismo vermelho-verde, em que os indivíduos têm dificuldade em distinguir entre as tonalidades vermelha e verde. Outras formas incluem o daltonismo azul-amarelo e o daltonismo total (acromatopsia).

- **Causas**: Os défices de visão a cores são frequentemente causados por mutações genéticas que afectam a função dos cones na retina. Também podem resultar de danos na retina ou no cérebro devido a lesões, doenças ou envelhecimento.

Variações na perceção da cor

A perceção das cores pode variar entre indivíduos devido a factores biológicos e ambientais.

- **Diferenças de género**: Estudos demonstraram que as mulheres podem ter uma gama mais ampla de perceção das cores em comparação com os homens, possivelmente devido a diferenças no cromossoma X, que transporta genes relacionados com a visão das cores.

- **Influências culturais**: A língua e a cultura podem influenciar a forma como as pessoas percepcionam e classificam as cores. Por exemplo, algumas línguas têm mais palavras para cores específicas, o que pode afetar a forma como os falantes dessas línguas distinguem as diferentes tonalidades.

Aplicações da perceção da cor

A compreensão da perceção das cores tem aplicações práticas em vários domínios.

- **Arte e design**: Os artistas e os designers utilizam o conhecimento da perceção das cores para criar obras visualmente apelativas. Conceitos como a harmonia das cores, o contraste e os efeitos psicológicos das cores são essenciais nestes domínios.

- **Tecnologia**: Os princípios de perceção da cor são utilizados no desenvolvimento de ecrãs, câmaras e impressoras. A calibração de cores garante que as cores são representadas com exatidão em diferentes dispositivos.

- **Medicina**: Os oftalmologistas e optometristas utilizam testes de visão cromática para diagnosticar deficiências de visão cromática e outras perturbações visuais.

A luz e a cor não são apenas assuntos visualmente cativantes, mas também cientificamente ricos. Ao compreender os princípios que lhes estão subjacentes, podemos aumentar a nossa apreciação do mundo natural e das suas complexidades. Quer se trate do céu azul, da formação do arco-íris ou da forma como percepcionamos as cores, a ciência da luz e da cor desvenda muitos mistérios das nossas experiências quotidianas.

Capítulo 2: Forças e movimento: A mecânica do movimento

Introdução

As forças e o movimento são conceitos fundamentais da física que descrevem a forma como os objectos se movem e interagem uns com os outros. A compreensão destes princípios ajuda-nos a explicar tudo, desde os movimentos mais simples da nossa vida quotidiana até aos movimentos complexos dos corpos celestes. Este capítulo explora as leis básicas do movimento, os diferentes tipos de forças e as suas aplicações no mundo real.

Leis do movimento de Newton

As três leis do movimento de Sir Isaac Newton, apresentadas na sua obra seminal "Philosophiæ Naturalis Principia Mathematica" em 1687, constituem a base da mecânica clássica. Estas leis descrevem a relação entre um corpo e as forças que actuam sobre ele, e o seu movimento em resposta a essas forças. A compreensão destas leis é crucial para explicar como os objectos se movem e interagem no nosso mundo quotidiano.

A Primeira Lei de Newton: A Lei da Inércia

A Primeira Lei de Newton afirma: "Um objeto em repouso permanecerá em repouso, e um objeto em movimento permanecerá em movimento a uma velocidade constante, a não ser que seja influenciado por uma força externa."

- **Inércia**: A tendência de um objeto para resistir a mudanças no seu estado de movimento. A quantidade de inércia de um objeto é diretamente proporcional à sua massa. Maior massa significa maior inércia.

    - **Exemplo prático**: Um livro pousado sobre uma mesa permanece imóvel, a menos que alguém o empurre. Do mesmo modo, uma bola rolante continuará a rolar em linha reta a uma velocidade constante, a não ser que forças como o atrito ou uma barreira a abrandem ou a impeçam.

Segunda Lei de Newton: A Lei da Aceleração

A segunda lei de Newton afirma que: "A aceleração de um objeto é diretamente proporcional à força resultante que actua sobre o objeto e inversamente proporcional à massa do objeto.

Força, massa e aceleração: Esta lei quantifica o conceito de força. Para uma determinada massa, a aceleração é diretamente proporcional à força aplicada. Para uma força constante, um objeto com uma massa menor experimentará uma aceleração maior.

- o **Exemplo prático**: Quando se empurra um carrinho de compras vazio, este acelera mais rapidamente do que um carrinho cheio quando é aplicada a mesma força. Isto deve-se ao facto de o carrinho vazio ter menos massa, logo mais aceleração para a mesma força.

- **Unidades de medida**: No Sistema Internacional de Unidades (SI), a força é medida em newtons (N). Um newton é definido como a quantidade de força necessária para acelerar uma massa de um quilograma em um metro por segundo ao quadrado

- **A terceira lei de Newton: A Lei da Ação e Reação**

A Terceira Lei de Newton afirma: "Para cada ação, há uma reação igual e oposta". Isto significa que as forças vêm sempre aos pares; se o objeto A exerce uma força sobre o objeto B, o objeto B exerce simultaneamente uma força de igual magnitude mas em sentido oposto sobre o objeto A.

- **Pares de Ação-Reação**: Estes pares de forças actuam em objectos diferentes e não se anulam mutuamente porque actuam em corpos diferentes.

- o **Exemplo prático**: Quando salta de uma prancha de mergulho, empurra a prancha para baixo (força de ação) e a prancha empurra-o para cima com uma força igual e oposta (força de reação). Esta reação impulsiona-o para o ar.

Aplicações e exemplos das leis de Newton

1. Movimento quotidiano

- **Andar**: Quando anda, o seu pé empurra para trás contra o chão (ação) e o chão empurra o seu pé para a frente (reação), permitindo-lhe mover-se.

- **Condução**: Um automóvel acelera quando o motor aplica uma força nas rodas, que empurram o carro para trás contra a estrada. A estrada empurra o automóvel para a frente com uma força igual e oposta.

2. Desporto

- **Chutar uma bola de futebol**: Quando chutamos uma bola de futebol, o nosso pé exerce uma força sobre a bola (ação) e a bola exerce uma força igual e oposta sobre o nosso pé (reação). A aceleração da bola depende da força do pontapé e da sua massa.

- **Remar um barco**: Quando um remador puxa o remo através da água, o remo empurra a água para trás (ação) e a água empurra o remo (e, consequentemente, o barco) para a frente (reação).

3. Engenharia e tecnologia

- **Pontes e edifícios**: Os engenheiros projectam estruturas tendo em conta forças como a gravidade, o vento e a carga. Asseguram que a estrutura pode suportar estas forças utilizando materiais e projectos que distribuem as forças de forma adequada.

- **Aeronaves**: Os motores de uma aeronave empurram o ar para trás (ação), e a força de reação empurra a aeronave para a frente. A força de elevação gerada pelas asas equilibra o peso da aeronave, permitindo-lhe voar.

4. Exploração espacial

- **Lançamento de foguetões**: Os motores de um foguetão expulsam os gases de escape para baixo (ação) e a força de reação impulsiona o foguetão para cima. A força necessária para vencer a gravidade da Terra e acelerar o foguetão para o espaço é calculada utilizando a Segunda Lei de Newton.

- **Mecânica orbital**: Os satélites permanecem em órbita devido ao equilíbrio entre a força gravitacional (que os puxa para a Terra) e a sua inércia (tendência para se moverem em linha reta). Este equilíbrio é explicado pelas leis de Newton.

Movimento e cinemática

A cinemática é o ramo da mecânica que descreve o movimento dos objectos sem considerar as forças que causam o movimento. Envolve os conceitos de deslocação, velocidade e aceleração.

- **Deslocação**: A mudança de posição de um objeto. É uma quantidade vetorial, o que significa que tem magnitude e direção.

  - **Exemplo prático**: Se caminhar 5 metros para leste, o seu deslocamento é de

5 metros para leste.

- **Velocidade**: A taxa de variação do deslocamento com o tempo. É uma grandeza vetorial e inclui tanto a velocidade como a direção.

  - o **Exemplo prático**: Conduzir a 60 km/h para norte é uma medida de velocidade.

- **Aceleração**: A taxa de variação da velocidade com o tempo. É uma grandeza vetorial e pode ser causada por alterações na velocidade, na direção ou em ambas.

  - o **Exemplo prático**: Um automóvel acelera dos 0 aos 60 km/h em 10 segundos.

Aplicações de forças e movimentos

Os princípios das forças e do movimento são fundamentais para a compreensão e conceção de vários sistemas e mecanismos no nosso mundo. Desde tarefas quotidianas a projectos de engenharia complexos, estes princípios orientam a funcionalidade e a eficiência de inúmeras aplicações. Este tópico explora várias áreas-chave onde as forças e o movimento são aplicados, destacando o seu significado e implicações práticas.

Transporte

O sector dos transportes baseia-se fortemente nos princípios das forças e do movimento para conceber e operar veículos, garantindo viagens seguras e eficientes.

Automóveis: A conceção e o funcionamento dos automóveis envolvem a compreensão do atrito, da aerodinâmica e das forças do motor.

Sistemas de travagem: Os automóveis modernos utilizam sistemas de travagem avançados, como os sistemas de travagem antibloqueio (ABS), que evitam o bloqueio das rodas através da modulação da força de travagem. Isto aumenta o controlo e reduz as distâncias de travagem.

Sistemas de suspensão: O sistema de suspensão de um veículo absorve os choques da superfície da estrada, assegurando uma condução suave. Baseia-se nos princípios da força da mola e do amortecimento para manter o contacto entre os pneus e a estrada.

Aerodinâmica: Os projectistas de automóveis utilizam princípios aerodinâmicos para reduzir a resistência do ar (arrasto), melhorando a eficiência do combustível e a estabilidade. Formas aerodinâmicas e caraterísticas como os spoilers ajudam a gerir o fluxo de ar à volta do veículo.

Aeroespacial: A conceção de aeronaves e de naves espaciais envolve aplicações complexas de forças e movimentos.

Elevação e arrasto: As asas de uma aeronave geram elevação criando uma diferença de pressão entre as superfícies superior e inferior. Os projectistas optimizam as formas das asas para maximizar a sustentação e minimizar o arrasto, melhorando a eficiência do combustível e o desempenho.

Propulsão: Os motores a jato e os motores de foguetão geram impulso ao expelir massa (ar ou gases de escape) a alta velocidade. A força de impulso impulsiona a aeronave ou a nave espacial para a frente, contrariando as forças gravitacionais e de arrastamento.

Mecânica Orbital: As missões espaciais dependem de cálculos precisos das forças gravitacionais e do movimento para colocar satélites em órbita, efetuar sobrevoos planetários ou aterrar em corpos celestes. A trajetória e a velocidade devem ser cuidadosamente controladas para atingir os objectivos da missão.

Transporte ferroviário: Os comboios utilizam princípios de forças e movimento para garantir estabilidade e eficiência.

Atrito e tração: O atrito entre as rodas e os carris do comboio é crucial para a tração e a travagem. Os engenheiros concebem os perfis das rodas e dos carris para otimizar o contacto e reduzir o desgaste.

Forças centrífugas: Quando os comboios percorrem as curvas, as forças centrífugas actuam sobre eles. A conceção da via, incluindo a inclinação (escala), ajuda a contrariar estas forças, permitindo velocidades mais elevadas e mantendo a estabilidade.

Desporto

Os atletas e os treinadores utilizam o conhecimento das forças e do movimento para melhorar o desempenho e prevenir lesões.

Biomecânica: O estudo do movimento humano aplica os princípios da física para analisar e otimizar o desempenho atlético.

Corrida: Uma corrida eficiente implica minimizar a perda de energia devido às forças de reação do solo e otimizar o comprimento e a frequência da passada. Compreender as forças envolvidas ajuda a conceber melhor calçado e programas de treino.

Natação: Os nadadores reduzem a resistência e aumentam a propulsão optimizando a posição do corpo, a técnica da braçada e o tempo. A análise da dinâmica dos fluidos e da mecânica corporal ajuda a melhorar o desempenho.

Levantamento de pesos: A técnica correta no levantamento de pesos garante que as forças são aplicadas de forma segura e eficaz. Os treinadores utilizam os princípios de binário e alavancagem para ensinar os atletas a levantar pesos de forma eficiente.

Conceção do equipamento: O equipamento desportivo é concebido utilizando princípios de forças e movimentos para melhorar o desempenho e a segurança.

Bicicletas: As bicicletas modernas utilizam materiais leves, quadros aerodinâmicos e sistemas de engrenagens optimizados para melhorar a velocidade e a eficiência. Compreender as forças que actuam no ciclista e na bicicleta ajuda a conceber um melhor equipamento.

Tacos de golfe: O design dos tacos de golfe envolve a otimização da distribuição da massa e da forma da cabeça do taco para maximizar a transferência de força para a bola, aumentando a distância e a precisão.

Engenharia e construção

Os engenheiros utilizam os princípios das forças e do movimento para projetar e construir estruturas seguras e eficientes.

Edifícios e pontes: A engenharia estrutural envolve a análise e a gestão de forças para garantir a estabilidade e a segurança.

Estruturas de suporte de carga: Os engenheiros calculam as cargas (peso, vento, forças sísmicas) que actuam nos edifícios e projectam elementos de suporte de carga (vigas, colunas) para suportar essas forças.

Engenharia sísmica: Os edifícios em áreas propensas a terramotos são concebidos para resistir a forças sísmicas. Técnicas como o isolamento da base e sistemas de amortecimento ajudam a absorver e dissipar a energia, reduzindo os danos durante os terramotos.

Projeto de pontes: As pontes têm de suportar o seu próprio peso e as cargas impostas pelo tráfego. Os engenheiros utilizam os princípios de tensão, compressão e torção para projetar estruturas de pontes estáveis e duradouras.

Sistemas mecânicos: As máquinas e os dispositivos dependem de forças e movimentos para o seu funcionamento.

Robótica: Os robôs são concebidos para executar tarefas através da manipulação de forças e movimentos. Compreender a cinemática e a dinâmica é essencial para programar robôs que se movam de forma precisa e eficiente.

Fabrico: As máquinas industriais aplicam forças para moldar e montar materiais. O controlo preciso do movimento assegura uma produção de alta qualidade e minimiza o desperdício.

Aplicações médicas

Os princípios das forças e do movimento desempenham um papel crucial nos diagnósticos, tratamentos e dispositivos médicos.

Ortopedia: A compreensão das forças que actuam nos ossos e nas articulações ajuda a diagnosticar e a tratar as doenças músculo-esqueléticas.

Próteses e Ortopedia: A conceção de membros protésicos e dispositivos ortopédicos envolve a análise das forças e movimentos envolvidos na marcha, corrida e outras actividades. Estes dispositivos devem imitar o movimento natural para restaurar a funcionalidade.

Substituição de articulações: Os engenheiros concebem articulações artificiais para suportar as forças experimentadas durante as actividades diárias. Os materiais e as formas são selecionados para garantir a durabilidade e a compatibilidade com o corpo.

Imagiologia médica: Técnicas como a ressonância magnética e a tomografia computorizada utilizam princípios da física para criar imagens pormenorizadas das estruturas internas do corpo.

MRI (Imagiologia por Ressonância Magnética): A RMN utiliza campos magnéticos fortes e ondas de rádio para gerar imagens. A compreensão das forças e interações a nível atómico ajuda a otimizar a qualidade e a segurança das imagens.

Ultra-sons: A imagiologia por ultra-sons utiliza ondas sonoras de alta frequência para criar imagens de estruturas internas. O conhecimento da propagação e reflexão das ondas é essencial para a obtenção de imagens precisas.

Ciências do Ambiente

O estudo dos fenómenos ambientais e a conceção de soluções sustentáveis envolvem princípios de forças e movimento.

Energia eólica e solar: As tecnologias de energia renovável aproveitam as forças naturais para gerar eletricidade.

Turbinas eólicas: As turbinas eólicas convertem a energia cinética do vento em energia eléctrica. A compreensão das forças que actuam sobre as pás e a otimização da sua conceção garantem uma captação eficiente da energia.

Painéis solares: Os painéis solares convertem a luz solar em energia eléctrica. O ângulo e a orientação dos painéis são optimizados para maximizar a absorção de energia.

Erosão e transporte de sedimentos: Os cientistas ambientais estudam as forças envolvidas na erosão e no transporte de sedimentos para desenvolver soluções para a conservação da terra.

Dinâmica dos rios: Compreender as forças do fluxo de água ajuda a gerir as margens dos rios e a prevenir a erosão. Os engenheiros concebem estruturas como diques e barragens para controlar o fluxo de água e proteger a terra.

Engenharia costeira: As zonas costeiras são protegidas contra a erosão e as inundações através da conceção de estruturas como os paredões e os quebra-mares, que gerem as forças das ondas e das marés.

As forças e o movimento são parte integrante da nossa compreensão da forma como os objectos se movem e interagem no mundo. Desde as leis do movimento estabelecidas por Newton até aos vários tipos de forças que influenciam o movimento, estes princípios estão na base de grande parte da ciência e engenharia modernas. O estudo das forças e do movimento permite-nos compreender tudo, desde as actividades quotidianas às aplicações tecnológicas avançadas, melhorando a nossa capacidade de navegar e manipular o mundo físico.

Capítulo 3: Tempo e clima: A Dinâmica da Atmosfera

Introdução

O tempo e o clima são aspectos integrantes da nossa vida quotidiana e do ecossistema do planeta. Enquanto o tempo se refere a condições atmosféricas de curto prazo, o clima descreve padrões de longo prazo. Este capítulo aprofunda a dinâmica da atmosfera, explorando os factores que influenciam o tempo e o clima, os mecanismos subjacentes aos fenómenos atmosféricos e os seus impactos na vida e no ambiente.

A Estrutura da Atmosfera

A atmosfera da Terra é uma camada complexa e dinâmica de gases que envolve o planeta, desempenhando um papel crucial na manutenção da vida através da regulação da temperatura, da proteção contra a radiação solar nociva e do fornecimento de gases essenciais para a respiração e a fotossíntese. Esta secção explora as diferentes camadas da atmosfera, as suas caraterísticas e o seu significado na dinâmica do tempo e do clima.

Troposfera

Caraterísticas: A troposfera é a camada mais baixa da atmosfera, estendendo-se desde a superfície da Terra até cerca de 8-15 quilómetros (5-9 milhas), com variações dependendo da latitude e da estação do ano. Contém aproximadamente 75% da massa da atmosfera e a maior parte do seu vapor de água.

Gradiente de temperatura: Na troposfera, a temperatura diminui com a altitude a uma taxa média de cerca de 6,5°C por quilómetro (a taxa de lapso ambiental). Esta diminuição deve-se à diminuição da pressão e da densidade do ar com a altura.

Sistemas meteorológicos: Todos os fenómenos meteorológicos, incluindo as nuvens, a chuva, as tempestades e os ventos, ocorrem na troposfera. A presença de vapor de água e aerossóis, combinada com a mistura vertical do ar, torna esta camada altamente dinâmica.

Importância: A troposfera é vital para a vida na Terra, pois contém o ar que respiramos e os sistemas meteorológicos que fornecem água doce através da precipitação. Desempenha também um papel fundamental na regulação da temperatura da Terra através do efeito de estufa.

Estratosfera

Caraterísticas: A estratosfera estende-se desde o topo da troposfera (tropopausa) até cerca de 50 quilómetros (31 milhas) acima da superfície da Terra. É caracterizada por um perfil de temperatura relativamente estável e uma inversão de temperatura.

Inversão da temperatura: Ao contrário da troposfera, a estratosfera sofre um aumento de temperatura com a altitude, principalmente devido à absorção da radiação ultravioleta (UV) pela camada de ozono.

Camada de ozono: Localizada na estratosfera, a camada de ozono absorve e dispersa a radiação UV, protegendo os organismos vivos de efeitos nocivos como o cancro da pele e as cataratas.

Importância: A estabilidade da estratosfera e a presença da camada de ozono são cruciais para proteger a Terra da radiação UV excessiva. Esta camada serve também como zona de transporte de poluentes a longa distância e influencia os padrões climáticos na troposfera.

Mesosfera

Caraterísticas: A mesosfera estende-se desde o topo da estratosfera (estratopausa) até cerca de 85 quilómetros (53 milhas) acima da Terra. É a camada intermédia da atmosfera e é caracterizada por temperaturas decrescentes com a altitude.

Gradiente de temperatura: A mesosfera é a camada mais fria da atmosfera, com temperaturas que descem até aos -90°C (-130°F) na mesopausa, a fronteira entre a mesosfera e a termosfera.

Atividade dos meteoros: A maioria dos meteoros arde ao entrar na mesosfera devido ao aumento da densidade das moléculas de ar em comparação com as camadas superiores.

Importância: A mesosfera desempenha um papel importante na proteção da Terra contra meteoróides e ajuda na dissipação das ondas atmosféricas e das marés, que influenciam o tempo e o clima nas camadas inferiores.

Termosfera

Caraterísticas: A termosfera estende-se desde o topo da mesosfera (mesopausa) até cerca de 600 quilómetros (373 milhas) acima da Terra. Caracteriza-se por um aumento significativo da temperatura com a altitude.

Gradiente de temperatura: As temperaturas na termosfera podem subir até 2.500°C

(4.500°F) ou mais, devido à absorção da radiação solar de alta energia pelas moléculas de oxigénio e azoto. No entanto, o ar é tão rarefeito que não parece quente para um ser humano.

Ionização: A termosfera contém gases ionizados, o que a torna parte da ionosfera. Esta ionização é crucial para as comunicações de rádio, uma vez que reflecte as ondas de rádio de volta à superfície da Terra.

Importância: A termosfera é essencial para o funcionamento dos sistemas de comunicação e navegação por satélite. Também desempenha um papel na formação de auroras, que são causadas por interações entre as partículas do vento solar e o campo magnético da Terra.

Exosfera

Caraterísticas: A exosfera é a camada mais externa da atmosfera, estendendo-se desde o topo da termosfera até cerca de 10.000 quilómetros (6.200 milhas). Transita gradualmente para o espaço exterior e contém partículas muito esparsas, principalmente hidrogénio e hélio.

Densidade de Partículas: A densidade de partículas na exosfera é extremamente baixa, e as partículas podem viajar centenas de quilómetros sem colidir umas com as outras.

Importância: A exosfera representa a fronteira entre a atmosfera da Terra e o espaço exterior. É nela que as partículas atmosféricas podem escapar para o espaço, contribuindo para a perda gradual de gases atmosféricos ao longo de escalas temporais geológicas.

Interação entre camadas atmosféricas

Mistura Vertical e Transferência de Calor: As interações entre as diferentes camadas atmosféricas envolvem processos complexos de mistura vertical e transferência de calor. Por exemplo, a troposfera e a estratosfera trocam ar através de processos como a convecção, a turbulência e as ondas atmosféricas de grande escala.

Convecção: As correntes de convecção na troposfera transportam calor e humidade, influenciando os padrões meteorológicos e o clima.

Transferência radiativa: A estratosfera absorve a radiação UV, levando ao aquecimento desta camada e influenciando a estrutura térmica da atmosfera.

Composição química e reacções: A composição da atmosfera varia nas diferentes camadas, afectando as reacções químicas e a distribuição dos gases.

Formação e destruição do ozono: O ozono é formado na estratosfera através da foto-dissociação das moléculas de oxigénio pela radiação UV. As actividades humanas, como a libertação de clorofluorocarbonetos (CFC), conduziram ao empobrecimento do ozono estratosférico, afectando a função protetora da camada de ozono.

Fenómenos meteorológicos

Os fenómenos meteorológicos são determinados pelas interações complexas entre a atmosfera, os oceanos e a terra.

- **Formação de nuvens**: As nuvens formam-se quando o ar que contém vapor de água sobe, arrefece e condensa-se à volta de partículas minúsculas (aerossóis) na atmosfera.

  - **Tipos de nuvens**: As nuvens são classificadas com base na sua aparência e altitude, incluindo nuvens cumulus, stratus e cirrus.

- **Precipitação**: Ocorre quando as gotículas de água ou cristais de gelo nas nuvens crescem o suficiente para cair no chão.

  - **Formas de precipitação**: Inclui chuva, neve, granizo e saraiva, dependendo da temperatura e das condições atmosféricas.

- **Tempestades**: Sistemas meteorológicos intensos caracterizados por ventos fortes, precipitação intensa e, por vezes, trovões e relâmpagos.

  - **Tempestades**: Formam-se a partir de nuvens cumulonimbus e são frequentemente acompanhadas de relâmpagos e trovões.

  - **Tornados**: Colunas de ar em rotação violenta que se estendem de uma trovoada até ao solo.

  - **Furacões**: Grandes e poderosas tempestades tropicais com ventos fortes e chuva intensa, também conhecidas como ciclones ou tufões em diferentes regiões.

- **Frentes atmosféricas**: Fronteiras entre massas de ar de diferentes temperaturas e níveis de humidade.

- o **Frentes frias**: Ocorrem quando uma massa de ar frio desloca uma massa de ar quente, dando frequentemente origem a trovoadas e chuva forte.

- o **Frentes quentes**: Ocorrem quando uma massa de ar quente desliza sobre uma massa de ar frio, normalmente trazendo chuva constante e aumento gradual da temperatura.

Sistemas climáticos

Os sistemas climáticos envolvem padrões a longo prazo de temperatura, humidade, vento e precipitação.

- **Zonas climáticas**: A Terra está dividida em várias zonas climáticas com base na latitude e nos padrões climáticos predominantes.

  - o **Climas Tropical, Temperado e Polar**: Cada zona tem caraterísticas distintas em termos de temperatura e precipitação.

- **Padrões climáticos globais**: Fenómenos climáticos de grande escala que influenciam o tempo e o clima a nível global.

  - o **El Niño e La Niña**: Mudanças periódicas nas temperaturas da superfície do mar no Oceano Pacífico central e oriental que afectam os padrões climáticos globais.

  - o **Monções**: Padrões de vento sazonais que causam chuvas fortes em algumas regiões, particularmente no sul e sudeste da Ásia.

- **Alterações climáticas**: Alterações a longo prazo nos padrões climáticos médios devido a processos naturais e actividades humanas.

  - o **Efeito de estufa**: O aquecimento da superfície da Terra devido à retenção de calor pelos gases com efeito de estufa, como o dióxido de carbono e o metano.

  - o **Aquecimento global**: O aumento observado na temperatura média da Terra devido ao aumento das concentrações de gases com efeito de estufa.

Impactos do tempo e do clima

O tempo e o clima influenciam significativamente vários aspectos da vida humana e do ambiente natural. A compreensão destes impactes é crucial para o desenvolvimento de estratégias destinadas a atenuar os efeitos adversos e a potenciar as condições benéficas. Esta secção examina os diversos impactos do tempo e do clima na agricultura, na saúde humana, nas catástrofes naturais, nos ecossistemas e nos sistemas socioeconómicos.

Agricultura

O tempo e o clima são fundamentais para a produtividade agrícola, afectando o crescimento das culturas, a disponibilidade de água e a dinâmica das pragas.

- **Crescimento e rendimento das culturas**: A temperatura, a precipitação e a luz solar são factores críticos que influenciam o desenvolvimento das culturas.

  o **Temperatura**: As gamas de temperatura óptimas são essenciais para a germinação, o crescimento e a maturação das culturas. As temperaturas extremas podem causar stress nas plantas, reduzindo os rendimentos ou provocando o fracasso das colheitas.

  o **Precipitação**: Um abastecimento adequado de água através da precipitação ou da irrigação é vital para as culturas. As secas podem levar à escassez de água, enquanto a precipitação excessiva pode causar encharcamento e danos às culturas.

  o **A luz solar**: A fotossíntese, o processo pelo qual as plantas produzem alimentos, depende da luz solar. As variações na radiação solar afectam o crescimento e a produtividade das plantas.

- **Pragas e doenças**: As condições climatéricas influenciam a prevalência e a propagação de pragas e doenças agrícolas.

  o **Temperatura e humidade**: As condições quentes e húmidas podem promover o crescimento de fungos e bactérias, provocando doenças nas plantas. Por outro lado, algumas pragas desenvolvem-se bem em condições secas.

  o **Doenças transmitidas por vectores**: As alterações climáticas podem alterar a distribuição de vectores como os insectos, aumentando o risco de doenças como a malária e a dengue afectarem as culturas e o gado.

- **Estratégias de adaptação**: Os agricultores adoptam várias estratégias para fazer face aos impactos do tempo e do clima.

    o **Irrigação**: A implementação de sistemas de irrigação eficientes ajuda a gerir o abastecimento de água durante os períodos de seca.

    o **Variedades de culturas**: A criação e a plantação de variedades de culturas resistentes à seca ou tolerantes ao calor aumentam a resistência às condições variáveis.

    o **Agroflorestação**: A integração de árvores em paisagens agrícolas pode proporcionar sombra, reduzir a erosão do solo e melhorar os microclimas.

Saúde humana

O tempo e o clima têm efeitos diretos e indirectos na saúde humana, influenciando a incidência de doenças, o stress térmico e a qualidade do ar.

- **Doenças relacionadas com o calor**: O calor extremo pode levar à exaustão pelo calor, insolação e desidratação, afectando particularmente as populações vulneráveis, como os idosos e as crianças.

    o **Ondas de calor**: Períodos prolongados de temperaturas excessivamente elevadas podem resultar num aumento das taxas de mortalidade e morbilidade. As zonas urbanas são particularmente susceptíveis devido ao efeito de ilha de calor urbana.

- **Doenças relacionadas com o frio**: A exposição ao frio extremo pode causar hipotermia, queimaduras pelo frio e agravar doenças crónicas como as doenças cardiovasculares e respiratórias.

    o **Períodos de frio**: As descidas bruscas de temperatura podem levar a um aumento dos riscos para a saúde, especialmente para quem não tem aquecimento ou isolamento adequados.

- **Doenças transmitidas por vectores**: As alterações climáticas influenciam a distribuição e a atividade dos vectores de doenças, como os mosquitos e as carraças.

- o **Malária e Dengue**: Temperaturas mais quentes e padrões de precipitação alterados podem expandir os habitats dos mosquitos, aumentando o risco de malária, dengue e outras doenças transmitidas por vectores.

- **Problemas respiratórios**: O tempo e o clima afectam a qualidade do ar, com impacto na saúde respiratória.

  - o **Poluição atmosférica**: As inversões de temperatura podem reter os poluentes junto ao solo, agravando doenças como a asma e a bronquite.

  - o **Alergénios**: As alterações climáticas podem afetar a distribuição e a intensidade de alergénios como o pólen, aumentando a incidência de reacções alérgicas e problemas respiratórios.

Catástrofes naturais

Os fenómenos meteorológicos graves e as alterações climáticas podem conduzir a catástrofes naturais com impactos sociais, económicos e ambientais significativos.

- **Furacões e tufões**: Estas tempestades poderosas podem causar danos generalizados devido aos ventos fortes, à precipitação intensa e às vagas de tempestade.

  - o **Inundações e erosão costeira**: A precipitação intensa e as vagas de tempestades associadas a furacões e tufões podem provocar inundações graves e erosão costeira, deslocando comunidades e danificando infra-estruturas.

- **Tornados**: Estas colunas de ar em rotação violenta podem causar danos localizados mas graves em estruturas, vegetação e comunidades.

  - o **Zonas de impacto**: Os tornados podem devastar áreas no seu percurso, provocando a perda de vidas, ferimentos e custos económicos significativos para a reconstrução e recuperação.

- **Secas**: Períodos prolongados de precipitação abaixo da média podem levar à escassez de água, afectando a agricultura, o abastecimento de água e os ecossistemas.

- o **Escassez de água**: As secas reduzem a disponibilidade de água para consumo, irrigação e utilização industrial, afectando a segurança alimentar e as actividades económicas.

- **Inundações**: A precipitação excessiva ou o rápido derretimento da neve podem provocar inundações, causando danos em propriedades, infra-estruturas e ecossistemas.

  - o **Cheias fluviais e repentinas**: As inundações podem ocorrer gradualmente, como as cheias dos rios, ou repentinamente, como as cheias repentinas, ambas representando riscos significativos para a vida e os bens.

Ecossistemas

O tempo e o clima desempenham um papel crucial na formação dos ecossistemas e da biodiversidade, influenciando a distribuição das espécies, a fenologia e as condições do habitat.

- **Distribuição das espécies**: As condições climáticas determinam o alcance geográfico das espécies, afectando a sua capacidade de sobrevivência e reprodução.

  - o **Mudanças de área de distribuição**: As alterações climáticas podem fazer com que as espécies migrem para novas áreas com condições adequadas, levando potencialmente a mudanças na composição e interações dos ecossistemas.

- **Fenologia**: O calendário dos acontecimentos naturais, como a floração, a migração e a reprodução, é influenciado pelo tempo e pelo clima.

  - o **Mudanças sazonais**: A alteração dos padrões climáticos pode perturbar o calendário destes eventos, afectando a disponibilidade de alimentos, o sucesso reprodutivo e as interações entre espécies.

- **Alterações do habitat**: As alterações induzidas pelo clima na temperatura, precipitação e nível do mar podem alterar os habitats, afectando a sobrevivência das espécies.

- o **Recifes de coral**: O aumento da temperatura do mar e a acidificação dos oceanos ameaçam os recifes de coral, levando ao branqueamento dos corais e à perda de biodiversidade.

  - o **Florestas**: As alterações climáticas podem afetar a saúde e a produtividade das florestas, influenciando a distribuição das espécies de árvores e a ocorrência de incêndios florestais.

Impactos socioeconómicos

As condições meteorológicas e o clima influenciam vários sectores socioeconómicos , afectando os meios de subsistência, as infra-estruturas e a estabilidade económica.

- **Agricultura e segurança alimentar**: Os fenómenos meteorológicos extremos e a variabilidade climática têm impacto na produtividade agrícola, conduzindo à escassez de alimentos e à volatilidade dos preços.

  - o **Quebra de safra**: Os fenómenos meteorológicos extremos, como as secas e as inundações, podem provocar quebras de colheitas, afectando o abastecimento alimentar e os rendimentos dos agricultores.

- **Infra-estruturas e planeamento urbano**: As condições meteorológicas e climáticas influenciam a conceção, a construção e a manutenção das infra-estruturas.

  - o **Infra-estruturas resilientes**: A construção de infra-estruturas resilientes que possam resistir a fenómenos meteorológicos extremos é crucial para reduzir a vulnerabilidade e garantir a continuidade dos serviços.

- **Custos económicos**: As catástrofes naturais e os impactos climáticos acarretam custos económicos significativos para a recuperação, reconstrução e adaptação.

  - o **Seguros e gestão de riscos**: A frequência e a gravidade crescentes das catástrofes relacionadas com o clima têm impacto nos mercados de seguros e exigem estratégias sólidas de gestão dos riscos.

- **Migração e deslocação**: As alterações climáticas e os fenómenos meteorológicos extremos podem obrigar as comunidades a migrar ou a deslocar-se, conduzindo a desafios sociais e económicos.

- o **Refugiados do clima**: A subida do nível do mar, a desertificação e os fenómenos meteorológicos extremos podem criar refugiados climáticos, exigindo cooperação e apoio internacionais.

O tempo e o clima são sistemas dinâmicos influenciados por uma série de factores, desde a radiação solar e a pressão atmosférica até às correntes oceânicas e às actividades humanas. A compreensão dos princípios subjacentes a estes fenómenos ajuda-nos a prever os padrões meteorológicos, a preparar-nos para as catástrofes naturais e a enfrentar os desafios das alterações climáticas. Ao estudar a dinâmica da atmosfera, obtemos conhecimentos sobre as interações complexas que moldam o nosso ambiente e influenciam a vida na Terra.

Capítulo 4: Maravilhas biológicas: Os intrincados projectos da vida

Introdução

A vida na Terra é caracterizada pela sua extraordinária diversidade e pelos intrincados mecanismos biológicos que permitem aos organismos prosperar em vários ambientes. Este capítulo explora as maravilhas das adaptações biológicas, desde o mundo microscópico das células até aos complexos ecossistemas que sustentam a biodiversidade. Aprofunda os princípios da evolução, diversidade genética, simbiose e as notáveis adaptações que permitem aos organismos sobreviver e prosperar.

Princípios evolutivos

Os princípios evolutivos constituem a base da biologia moderna, explicando a diversidade da vida na Terra e a forma como os organismos se adaptam aos seus ambientes ao longo do tempo. Este tópico explora os conceitos-chave da evolução, incluindo a seleção natural, a variação genética, a adaptação e os mecanismos que impulsionam a mudança evolutiva.

Seleção Natural

- **Definição**: A seleção natural é o processo pelo qual os organismos com caraterísticas mais adequadas ao seu ambiente tendem a sobreviver e a reproduzir-se mais eficazmente do que aqueles que não possuem tais caraterísticas.

  - **Variação**: Nas populações, os indivíduos apresentam variações nas caraterísticas devido à diversidade genética e a factores ambientais.

  - **Pressão selectiva**: As pressões ambientais, como a competição por recursos, a predação, as alterações climáticas e as doenças, exercem uma pressão selectiva sobre as populações.

  - **Sobrevivência e reprodução**: Os organismos com caraterísticas vantajosas têm maior probabilidade de sobreviver e de transmitir os seus genes à geração seguinte, contribuindo para a adaptação das populações aos seus habitats.

  - **Exemplos**: A traça-das-areias em Inglaterra durante a Revolução Industrial, onde as traças mais escuras se tornaram mais prevalecentes devido ao facto de a poluição escurecer a casca das árvores, proporcionando uma camuflagem contra os predadores.

Variação genética

- **Fontes de variação**: A variação genética resulta de mutações, recombinação genética durante a reprodução sexual e fluxo genético entre populações.

  o **Mutação**: As alterações aleatórias nas sequências de ADN podem criar novos alelos e diversidade genética nas populações.

  o **Deriva genética**: Flutuações aleatórias nas frequências de alelos em pequenas populações devido a eventos casuais.

  o **Fluxo genético**: Movimento de genes entre populações através da migração, influenciando a diversidade genética e a adaptação.

Adaptação

- **Definição**: A adaptação refere-se ao processo pelo qual os organismos desenvolvem caraterísticas que melhoram a sua sobrevivência e reprodução em ambientes específicos.

  o **Tipos de adaptações**: Adaptações físicas (por exemplo, camuflagem, mimetismo), adaptações fisiológicas (por exemplo, tolerância ao calor, resistência ao frio) e adaptações comportamentais (por exemplo, migração, rituais de acasalamento).

  o **Aptidão**: A medida do sucesso reprodutivo de um organismo e a sua capacidade de contribuir com genes para as gerações futuras.

  o **Vantagem Selectiva**: As caraterísticas que conferem uma vantagem selectiva aumentam a aptidão de um organismo, permitindo-lhe competir com outros no seu ambiente.

Especiação

- **Definição**: A especiação é o processo pelo qual novas espécies surgem a partir de espécies existentes, normalmente através do isolamento reprodutivo e da divergência genética.

o   **Mecanismos**: A especiação pode ocorrer através de mecanismos alopátricos (isolamento geográfico), simpátricos (dentro da mesma área geográfica) ou parapátricos (áreas geográficas adjacentes).

o   **Barreiras de isolamento**: Factores geográficos, ecológicos, temporais e comportamentais podem impedir o fluxo genético entre populações, levando ao isolamento reprodutivo e à especiação.

o   **Divergência**: A acumulação de diferenças genéticas ao longo do tempo pode levar à formação de espécies distintas com caraterísticas e adaptações únicas.

Provas da evolução

*   **Registo fóssil**: Os fósseis fornecem provas de espécies que viveram no passado, mostrando formas de transição e mudanças evolutivas ao longo do tempo geológico.

*   **Anatomia Comparada**: Estruturas homólogas (estruturas semelhantes com funções diferentes) e órgãos vestigiais (estruturas com função reduzida ou inexistente) indicam ancestralidade comum e relações evolutivas.

*   **Embriologia**: As semelhanças no desenvolvimento embrionário entre diferentes espécies sugerem histórias evolutivas partilhadas.

*   **Biologia molecular**: As sequências de ADN, os marcadores genéticos e a filogenética molecular revelam relações evolutivas e padrões de divergência genética.

Evolução humana

*   **Evolução dos hominídeos**: A história evolutiva dos humanos (Homo sapiens) e dos seus antepassados, incluindo os australopitecíneos e as primeiras espécies de Homo.

*   **Evidências**: As descobertas de fósseis, como Lucy (Australopithecus afarensis) e Homo habilis, fornecem informações sobre a evolução do bipedalismo, a utilização de ferramentas e o desenvolvimento do cérebro.

*   **Evolução cultural**: O desenvolvimento da linguagem, da tecnologia e dos

comportamentos sociais que moldaram as sociedades humanas e a adaptação a
diversos ambientes.

Aplicações e implicações

- **Medicina**: A compreensão dos princípios evolutivos ajuda a combater a resistência
  aos antibióticos, a estudar a evolução das doenças e a desenvolver uma medicina
  personalizada.

- **Biologia da Conservação**: Os esforços de conservação baseiam-se na compreensão
  das relações evolutivas, da diversidade genética e da adaptação das espécies
  ameaçadas de extinção.

- **Agricultura**: A aplicação de princípios evolutivos melhora a criação de culturas e
  de gado para aumentar a produtividade e a resistência às pressões ambientais.

- **Políticas públicas**: A abordagem de questões como as alterações climáticas, a
  perda de biodiversidade e a gestão sustentável dos recursos exige a compreensão
  dos processos evolutivos e dos seus impactos nos ecossistemas.

Adaptações celulares

As adaptações celulares referem-se a estruturas, funções e comportamentos especializados
que as células desenvolvem para sobreviver e funcionar de forma óptima nos seus
ambientes específicos. Estas adaptações são cruciais para os processos celulares, a
produção de energia, a resposta a estímulos e a manutenção da homeostasia nos
organismos. Este tópico explora várias adaptações celulares encontradas em células
procarióticas e eucarióticas, destacando as suas caraterísticas estruturais, funções e
significado evolutivo.

Células procarióticas

- **Estrutura e adaptações**:

  o **Parede celular**: Fornece suporte estrutural e proteção contra alterações da
    pressão osmótica. Algumas bactérias têm adaptações específicas na
    composição da sua parede celular, como camadas de peptidoglicano, para
    resistir a ambientes agressivos.

o **Flagelos e Pili**: Os flagelos permitem a motilidade das bactérias, permitindo-lhes deslocarem-se em direção aos nutrientes ou afastarem-se de substâncias nocivas. Os pili facilitam a aderência a superfícies ou a outras células, ajudando na formação de biofilmes e na troca genética.

- **Adaptações metabólicas**:

  o **Respiração anaeróbica e aeróbica**: Os procariotas têm diversas vias metabólicas para a produção de energia, incluindo a fermentação, a respiração anaeróbica (utilizando aceptores alternativos de electrões) e a respiração aeróbica (utilizando oxigénio).

  o **Quimiolitotrofia**: Alguns procariotas podem oxidar compostos inorgânicos como o sulfureto de hidrogénio ou o amoníaco para obter energia, adaptando-se a ambientes extremos como as fontes hidrotermais ou os solos ácidos.

- **Adaptações genéticas**:

  o **Transferência horizontal de genes**: Os procariotas podem adquirir novos genes através de mecanismos como a transformação, a transdução e a conjugação, permitindo uma rápida adaptação a condições ambientais variáveis ou a resistência a antibióticos.

Células eucarióticas

- **Organelos e adaptações**:

  o **Mitocôndrias**: As células eucarióticas utilizam as mitocôndrias para a respiração aeróbica, gerando ATP a partir da glicose e do oxigénio. Esta adaptação aumenta a eficiência energética e apoia processos celulares complexos.

  o **Cloroplastos**: Presentes nos eucariotas fotossintéticos, os cloroplastos convertem a energia solar em energia química através da fotossíntese, fornecendo nutrientes e oxigénio à célula e ao ambiente circundante.

- **Transporte de Membranas**:

  o **Endocitose e Exocitose**: As células eucarióticas utilizam mecanismos de transporte de vesículas para internalizar nutrientes, remover produtos residuais e comunicar com outras células. Essa adaptação permite que as células mantenham a homeostase interna e respondam a estímulos externos.

- **Citoesqueleto e motilidade celular**:

  o **Actina e microtúbulos**: O citoesqueleto fornece suporte estrutural, facilita as mudanças de forma da célula e permite movimentos celulares como o movimento ameboide e o batimento ciliar/flagelar.

  o **Moléculas de adesão celular**: Proteínas como as integrinas e as caderinas medeiam a adesão célula-célula e as interações com a matriz extracelular, cruciais para a organização e sinalização dos tecidos.

- **Células e tecidos especializados**:

  o **Neurónios**: Especializados na transmissão e comunicação de sinais eléctricos no sistema nervoso, com adaptações como os axónios para a condução rápida e os dendritos para a receção de sinais.

  o **Células musculares**: Adaptadas para a contração e o movimento, com arranjos organizados de filamentos de actina e miosina que geram força e permitem a locomoção ou a função dos órgãos.

Adaptações ao stress ambiental

- **Temperatura e pH**: As células podem adaptar-se a temperaturas extremas (termófilas ou psicrófilas) e a condições de pH (acidófilas ou alcalifílicas) através de alterações na composição das membranas, na estrutura das enzimas e na regulação metabólica.
- **Pressão Osmótica**: As adaptações na estrutura da parede celular (nas bactérias) ou nas proteínas de transporte da membrana (nos eucariotas) permitem que as células sobrevivam em ambientes hipertónicos ou hipotónicos, regulando a absorção de água e o equilíbrio iónico.

Significado evolutivo

- **Evolução dos Organelos**: A teoria endossimbiótica propõe que as mitocôndrias e os cloroplastos evoluíram a partir de procariontes ancestrais que foram engolidos por células eucarióticas primitivas, levando a relações simbióticas e ao desenvolvimento da respiração aeróbica e da fotossíntese.

- **Radiação adaptativa**: As adaptações celulares têm impulsionado a diversificação das formas de vida, permitindo que os organismos ocupem nichos ecológicos diversos e se adaptem a condições ambientais variáveis ao longo de escalas de tempo evolutivas.

Biodiversidade e ecossistemas

- **Dinâmica dos ecossistemas**: As interações entre os organismos vivos e o seu ambiente moldam os ecossistemas e a biodiversidade.

  - **Teias Alimentares**: Redes complexas de relações alimentares entre espécies num ecossistema, ilustrando o fluxo de energia e o ciclo de nutrientes.

  - **Níveis tróficos**: Posição dos organismos numa cadeia alimentar ou teia alimentar, desde os produtores (plantas) aos consumidores (herbívoros, carnívoros) e decompositores.

- **Relações Simbióticas**: Interações entre espécies diferentes que podem ser benéficas, neutras ou prejudiciais.

  - **Mutualismo**: Ambas as espécies beneficiam da interação, como a polinização por insectos e as bactérias fixadoras de azoto nas raízes das leguminosas.

  - **Comensalismo e Parasitismo**: Relações em que uma espécie beneficia enquanto a outra não é afetada (comensalismo) ou é prejudicada (parasitismo).

Adaptações nos organismos

- **Adaptações físicas**: Caraterísticas estruturais que melhoram a sobrevivência de um organismo no seu ambiente.

  - **Camuflagem e Mimetismo**: Adaptações que ajudam os organismos a evitar a predação ou a capturar presas, misturando-se com o ambiente ou assemelhando-se a espécies nocivas.

- o **Bioluminescência e defesas químicas**: Adaptações que dissuadem os predadores através da produção de luz ou de substâncias tóxicas.

- **Adaptações comportamentais**: Acções ou respostas que melhoram as hipóteses de sobrevivência e reprodução de um organismo.

  - o **Migração e hibernação**: Estratégias comportamentais para lidar com as mudanças sazonais e a disponibilidade de recursos.

  - o **Comportamentos sociais**: Comportamentos cooperativos dentro de grupos sociais, como a comunicação, a divisão do trabalho e a proteção da descendência.

Impacto do Homem na Biodiversidade

As actividades humanas alteraram significativamente os ecossistemas naturais e a biodiversidade em todo o mundo, com profundas consequências ecológicas, económicas e sociais. Este tópico explora as várias formas como as acções humanas têm impacto na biodiversidade, incluindo a destruição de habitats, a poluição, as alterações climáticas, a sobre-exploração de recursos e a introdução de espécies invasoras. A compreensão destes impactes é crucial para a implementação de estratégias de conservação eficazes e de práticas sustentáveis para atenuar a perda de biodiversidade.

Destruição e fragmentação do habitat

- **Desmatação**: O desmatamento para a agricultura, a exploração madeireira, a urbanização e desenvolvimento de infra-estruturas reduz a disponibilidade de habitat para inúmeras espécies.

  - o **Perda de biodiversidade**: Os ecossistemas florestais suportam diversas espécies vegetais e animais, muitas das quais são endémicas e especializadas em habitats específicos.

  - o **Fragmentação**: A fragmentação dos habitats leva ao isolamento das populações, reduzindo a diversidade genética e aumentando a vulnerabilidade a factores de stress ambiental e a doenças.

- **Urbanização**: A expansão das cidades e dos assentamentos humanos altera as paisagens, desloca a vida selvagem e perturba os habitats naturais.

  o **Perda de habitat**: A conversão de paisagens naturais em zonas urbanas fragmenta os habitats e reduz a biodiversidade, afectando as espécies que não se conseguem adaptar aos ambientes urbanos.

  o **Superfícies impermeáveis**: O aumento das superfícies impermeáveis (betão, asfalto) altera os padrões de escoamento da água, afectando a hidrologia local e os ecossistemas aquáticos.

Poluição

- **Poluição química**: A libertação de poluentes como pesticidas, metais pesados e produtos químicos industriais contamina o ar, a água e o solo.

  o **Impacto na vida selvagem**: A acumulação de toxinas nos ecossistemas pode prejudicar as populações de animais selvagens através da bioacumulação e da biomagnificação.

  o **Eutrofização**: O excesso de escoamento de nutrientes (por exemplo, azoto, fósforo) provenientes da agricultura e das zonas urbanas conduz à proliferação de algas, ao esgotamento do oxigénio e à perturbação dos habitats aquáticos.

- **Poluição atmosférica**: As emissões dos veículos, indústrias e agricultura contribuem para a formação de smog, chuva ácida e alterações climáticas, afectando a qualidade do ar e os ecossistemas.

  o **Impactos climáticos**: O material particulado e as emissões de gases com efeito de estufa contribuem para o aquecimento global, alterando os padrões climáticos e os habitats em todo o mundo.

Alterações climáticas

- **Aquecimento global**: Aumento das temperaturas médias globais devido às emissões de gases com efeito de estufa provenientes de actividades humanas (por exemplo, queima de combustíveis fósseis, desflorestação).

o **Impacto nas espécies**: Alterações na distribuição das espécies, na fenologia (calendário dos fenómenos biológicos) e na adequação do habitat devido à alteração dos padrões de temperatura e precipitação.

o **Regiões polares**: O rápido degelo das calotas polares e dos glaciares ameaça as espécies que dependem destes habitats, como os ursos polares e os pinguins.

- **Acidificação dos oceanos**: A absorção de CO2 pelos oceanos aumenta a acidez, afectando os ecossistemas marinhos e os organismos calcificadores, como os corais e os moluscos.

o **Branqueamento dos corais**: As temperaturas elevadas do mar provocam fenómenos de branqueamento dos corais, levando à sua mortalidade e à perda de biodiversidade dos recifes.

o **Vida marinha**: A perturbação das cadeias alimentares e dos habitats marinhos devido ao aquecimento e à acidificação dos oceanos tem impacto nas unidades populacionais de peixes e na biodiversidade marinha.

Sobre-exploração dos recursos

- **Sobrepesca**: As práticas de pesca insustentáveis, como o arrasto pelo fundo e as capturas acessórias, esgotam as populações de peixes e perturbam os ecossistemas marinhos.

o **Colapso da pesca**: O declínio das unidades populacionais de peixes comercialmente importantes ameaça a segurança alimentar, os meios de subsistência e a biodiversidade marinha.

o **Pesca ilegal**: A caça furtiva e o comércio ilegal de espécies ameaçadas de extinção (por exemplo, tubarões, tartarugas marinhas) contribuem para o declínio das populações e para a degradação dos ecossistemas.

- **Comércio de animais** selvagens: O tráfico ilegal de animais selvagens para animais de estimação, medicamentos e artigos de luxo ameaça as espécies ameaçadas e contribui para a perda de biodiversidade.

o **Destruição do habitat**: A caça e a armadilhagem para o comércio de animais selvagens implicam frequentemente a destruição do habitat e o empobrecimento das populações de espécies.

Espécies invasoras

- **Introdução de espécies não nativas**: As actividades humanas, como o comércio global e as viagens, introduzem espécies não nativas em novos habitats.

  o **Perturbação ecológica**: As espécies invasivas competem com as espécies nativas pelos recursos, perturbam as cadeias alimentares e alteram a dinâmica dos ecossistemas.

  o **Impacto nas espécies endémicas**: As espécies endémicas com áreas de distribuição limitadas são particularmente vulneráveis à concorrência e à predação por parte de espécies invasoras.

Esforços e soluções de conservação

- **Áreas protegidas**: Estabelecer e gerir áreas protegidas (por exemplo, parques nacionais, reservas, santuários marinhos) para conservar a biodiversidade e os ecossistemas.

- **Práticas sustentáveis**: Adoção de práticas sustentáveis de agricultura, silvicultura, pesca e planeamento urbano para minimizar os impactos ambientais.

- **Legislação e regulamentação**: Aplicação de leis e regulamentos para controlar a poluição, gerir os recursos naturais e combater o comércio ilegal de animais selvagens.

- **Educação e Sensibilização**: Promover a sensibilização e a educação do público sobre a conservação da biodiversidade, os impactos das alterações climáticas e os estilos de vida sustentáveis.

As maravilhas biológicas englobam a incrível diversidade de formas de vida na Terra e as notáveis adaptações que permitem a sobrevivência e a reprodução em diversos ambientes. A compreensão dos princípios da evolução, da diversidade genética e da dinâmica dos ecossistemas permite compreender as interações complexas entre os organismos e o meio que os rodeia. Dado que os seres humanos continuam a afetar a biodiversidade global através de alterações ambientais e da destruição de habitats, os esforços de conservação e as práticas sustentáveis são cruciais para preservar as maravilhas biológicas e garantir a resiliência dos ecossistemas para as gerações futuras.

Capítulo 5: Maravilhas tecnológicas: A Ciência em Ação

Introdução

A tecnologia transforma continuamente a vida humana, oferecendo soluções para os desafios e ultrapassando os limites do possível. Este capítulo investiga as maravilhas da tecnologia moderna, explorando a sua evolução, as aplicações em vários domínios e as considerações éticas que acompanham os avanços tecnológicos.

Evolução da tecnologia

A evolução da tecnologia estende-se por milénios, começando com as primeiras inovações que moldaram as sociedades humanas e progredindo através das revoluções industriais até à era digital e mais além. Este tópico explora os principais marcos, as invenções transformadoras e os impactos sociais dos avanços tecnológicos que continuam a moldar o nosso mundo atual.

Tecnologias pré-históricas e antigas

- **Ferramentas primitivas e fogo**: O Homo habilis e o Homo erectus utilizavam ferramentas de pedra e dominavam o fogo, permitindo a sobrevivência, a preparação de alimentos e a proteção contra predadores.

- **Revolução Agrícola**: Transição da caça e da coleta para a agricultura por volta de 10 000 a.C., conduzindo a uma produção excedentária de alimentos, ao crescimento da população e à complexidade da sociedade.

- **Metalurgia**: Descoberta e utilização de metais (por exemplo, bronze, ferro) para ferramentas, armas e comércio, marcando a transição da Idade da Pedra para as civilizações da Idade do Bronze e da Idade do Ferro.

Inovações clássicas e medievais

- **Engenharia e arquitetura**: Avanços nas técnicas de construção, como arcos, aquedutos e estradas, por civilizações antigas (por exemplo, romanos, egípcios).

- **Imprensa**: A invenção de Johannes Gutenberg no século XV revolucionou a comunicação, a educação e a difusão do conhecimento através da produção em massa de livros e materiais impressos.

Revolução Industrial

- **Mecanização e energia a vapor**: A invenção da máquina a vapor por James Watt, no século XVIII, impulsionou a Revolução Industrial, transformando a manufatura, os transportes e a agricultura.

- **Indústria têxtil**: A automatização da produção têxtil com máquinas de fiação e tecelagem (por exemplo, tear mecânico, tear elétrico) aumentou a produtividade e a urbanização.

Revolução tecnológica moderna

- **Eletricidade e telecomunicações**: Aproveitamento da eletricidade para iluminação, comunicação (telégrafo, telefone) e transporte (motores eléctricos, caminhos-de-ferro) no século XIX e início do século XX.

- **Era da informação**: O desenvolvimento dos computadores, da tecnologia de semicondutores e da Internet no final do século XX revolucionou a comunicação, o comércio e a conetividade global.

Transformação digital

- **Capacidade de computação**: Evolução dos computadores mainframe para os computadores pessoais, smartphones e computação em nuvem, permitindo o processamento de dados, o armazenamento e o acesso a informações digitais.

- **Internet e World Wide Web**: A invenção da World Wide Web por Tim Berners-Lee, em 1989, democratizou o acesso à informação, à comunicação e aos serviços em linha a nível mundial.

Tecnologias emergentes

- **Inteligência Artificial**: Os avanços na aprendizagem automática, no processamento de linguagem natural e na robótica estão a revolucionar sectores como os cuidados de saúde, as finanças e os transportes.

- **Biotecnologia**: A engenharia genética, a tecnologia CRISPR-Cas9 e a medicina personalizada estão a transformar a agricultura, os cuidados de saúde e as indústrias farmacêuticas.

Impactos sociais

- **Crescimento económico**: As inovações tecnológicas impulsionam a produtividade económica, a eficiência e a inovação em sectores que vão desde a indústria transformadora aos serviços e ao entretenimento.

- **Transformação social**: Mudanças na comunicação (redes sociais), no entretenimento (serviços de streaming) e nos estilos de vida (trabalho à distância) devido às tecnologias digitais e à conetividade com a Internet.

Desafios e considerações éticas

- **Privacidade e segurança**: Preocupações com a privacidade dos dados, ameaças à cibersegurança e tecnologias de vigilância num mundo interligado.

- **Automatização e emprego**: Impacto da automatização na deslocação de postos de trabalho, na reconversão da mão de obra e no futuro do trabalho nas indústrias afectadas pela IA e pela robótica.

- **Ética na IA e preconceitos**: Garantir a equidade, a transparência e a responsabilidade nos algoritmos de IA e nos sistemas automatizados de tomada de decisões para atenuar os preconceitos e a discriminação.

Perspectivas futuras

- **Tendências emergentes**: Exploração de tecnologias futuras, como a computação quântica, a nanotecnologia, as inovações em matéria de energias renováveis e a exploração espacial.

- **Objectivos de sustentabilidade**: Enfrentar os desafios da eficiência energética, da gestão de recursos e da sustentabilidade ambiental através de inovações tecnológicas e da colaboração global.

Tecnologias da informação e da comunicação

As tecnologias da informação (TI) e da comunicação revolucionaram a forma como a informação é processada, transmitida e acedida a nível mundial. Este tópico explora a evolução, os principais componentes, as aplicações e os impactos sociais das tecnologias da informação e da comunicação, destacando o seu papel na formação da sociedade moderna e facilitando a conetividade global.

Evolução das tecnologias da informação

- **Início da computação**: As origens remontam a dispositivos mecânicos como o ábaco e as primeiras máquinas de calcular (por exemplo, a calculadora de Pascal, o motor analítico de Babbage).

- **Computadores digitais**: Desenvolvimento de computadores digitais em meados do século XX, desde mainframes a computadores pessoais (PC) e dispositivos móveis, permitindo o processamento de dados e a automatização.

Componentes-chave da tecnologia da informação

- **Hardware**: Inclui sistemas informáticos (CPUs, memória, armazenamento), periféricos (impressoras, scanners) e dispositivos de ligação em rede (routers, switches) essenciais para o processamento e comunicação de dados.

- **Software**: Os sistemas operativos (p. ex., Windows, macOS), o software de aplicação (p. ex., Microsoft Office, Adobe Creative Suite) e as linguagens de programação (p. ex., Java, Python) permitem a interação e a funcionalidade do utilizador.

Internet e World Wide Web

- **Desenvolvimento**: Originária da ARPANET (1969), evoluiu para a Internet, ligando redes globais, e popularizou a World Wide Web por Tim Berners-Lee (1989) para partilha e acesso a informações.

- **Comunicação**: Facilita o correio eletrónico, as mensagens instantâneas, as plataformas de redes sociais (por exemplo, Facebook, Twitter) e as videoconferências, transformando a comunicação interpessoal e a conetividade global.

Telecomunicações

- **Telefonia**: Evolução dos telefones fixos para telemóveis e smartphones, integrando a comunicação vocal com serviços de dados e acesso à Internet.

- **Tecnologias sem fios**: Os avanços nas tecnologias de comunicação sem fios (por exemplo, Wi-Fi, Bluetooth, 5G) permitem a mobilidade, a conetividade e as aplicações IoT (Internet das coisas).

Armazenamento e gestão de dados

- **Computação em nuvem**: Prestação de serviços de computação (por exemplo, armazenamento, servidores, bases de dados) através da Internet, oferecendo escalabilidade, flexibilidade e eficiência de custos a empresas e particulares.

- **Big Data**: Processamento e análise de grandes conjuntos de dados (big data) utilizando algoritmos e ferramentas analíticas para extrair conhecimentos, informar a tomada de decisões e impulsionar a inovação em vários sectores.

Cibersegurança e privacidade

- **Ameaças**: Riscos colocados por ciberataques (por exemplo, malware, phishing), violações de dados e vulnerabilidades em sistemas e redes de TI.

- **Proteção**: Medidas como a encriptação, firewalls, protocolos de autenticação e quadros de cibersegurança (por exemplo, RGPD, CCPA) salvaguardam a privacidade dos dados e protegem as transacções digitais.

Comércio eletrónico e economia digital

- **Comércio em linha**: Crescimento das plataformas de comércio eletrónico (por exemplo, Amazon, Alibaba) para retalho em linha, pagamentos digitais (por exemplo, PayPal, carteiras digitais) e serviços bancários electrónicos.

- **Transformação digital**: Adoção de tecnologias digitais (por exemplo, sistemas ERP, software CRM) pelas empresas para eficiência operacional, envolvimento do cliente e vantagem competitiva.

Impactos e desafios societais

- **Conectividade global**: Facilitar o comércio mundial, a colaboração e o intercâmbio cultural através de plataformas digitais e redes sociais.

- **Fosso digital**: Disparidades no acesso à tecnologia e à literacia digital, com impacto na educação, nas oportunidades económicas e na inclusão social.

- **Questões éticas**: Preocupações com a privacidade dos dados, a vigilância, a desinformação (notícias falsas) e a utilização ética da IA e dos algoritmos de aprendizagem automática.

Tendências e inovações futuras

- **Inteligência Artificial (IA)**: Integração de tecnologias de IA para automação, análise preditiva, assistentes virtuais (por exemplo, Siri, Alexa) e serviços personalizados.

- **IoT e cidades inteligentes**: Expansão dos dispositivos IoT (smartphones, dispositivos domésticos inteligentes) e das infra-estruturas para a gestão urbana, a eficiência energética e a sustentabilidade ambiental.

- **Tecnologia Blockchain**: Aplicações em moedas digitais (p. ex., Bitcoin, Ethereum), transacções seguras (p. ex., contratos inteligentes) e sistemas descentralizados (p. ex., gestão da cadeia de fornecimento).

Biotecnologia e avanços médicos

- **Engenharia genética**: Aplicações da modificação genética na agricultura, medicina (por exemplo, terapia genética) e investigação (por exemplo, CRISPR-Cas9).

- **Imagiologia médica**: Evolução das tecnologias de diagnóstico como a ressonância magnética, a tomografia computadorizada e o ultrassom, melhorando o diagnóstico e o tratamento médico.

Exploração espacial e tecnologia aeroespacial

- **Missões espaciais**: Crónicas de marcos da exploração espacial, desde a aterragem da Apollo na Lua até aos rovers de Marte e às estações espaciais internacionais.

- **Tecnologia de satélites**: Aplicações de satélites em telecomunicações, previsão meteorológica, navegação (GPS) e monitorização ambiental.

Tecnologias verdes e sustentabilidade

- **Energias renováveis**: Inovações nas tecnologias de energia solar, eólica, hidroelétrica e geotérmica para combater as alterações climáticas e promover o desenvolvimento sustentável.

- **Monitorização ambiental**: Utilização de sensores, drones e tecnologias de deteção remota para monitorizar os ecossistemas, a biodiversidade e os padrões climáticos.

Inteligência Artificial e Robótica

A Inteligência Artificial (IA) e a robótica representam domínios de ponta que visam replicar ou aumentar a inteligência humana e as capacidades físicas através de tecnologia avançada. Este tópico explora a evolução, as aplicações, os impactos sociais e as considerações éticas da IA e da robótica, destacando o seu potencial transformador em vários sectores.

Evolução da Inteligência Artificial

- **Primeiros desenvolvimentos**: As origens remontam à década de 1950, com o trabalho de Alan Turing sobre a inteligência das máquinas e a Conferência de Dartmouth (1956), que marcou o nascimento da IA como área de estudo.

- **Primeiros sistemas de IA**: Os primeiros sistemas de IA centravam-se no raciocínio simbólico, nos sistemas especializados e na inferência lógica, lançando as bases para os avanços posteriores na aprendizagem automática e nas redes neuronais.

Aprendizagem automática e redes neuronais

A aprendizagem automática (ML) e as redes neuronais são componentes fundamentais da inteligência artificial (IA), permitindo que os sistemas aprendam com os dados, reconheçam padrões e tomem decisões com o mínimo de intervenção humana. Este tópico explora os princípios, as aplicações, os avanços e as implicações éticas da aprendizagem automática e das redes neuronais, mostrando o seu impacto transformador em vários domínios.

Princípios da aprendizagem automática

- **Aprendizagem supervisionada**: Treinar algoritmos em dados rotulados para prever resultados ou classificar entradas em categorias.
  - **Exemplos**: Deteção de correio eletrónico não solicitado, reconhecimento de imagens (por exemplo, reconhecimento facial) e diagnóstico médico.

- **Aprendizagem não supervisionada**: Os algoritmos identificam padrões e relações em dados não rotulados sem resultados predefinidos.

- o **Exemplos**: Agrupamento (por exemplo, segmentação de clientes), deteção de anomalias e análise de cabazes de compras.

- **Aprendizagem por reforço**: Os agentes aprendem a tomar decisões por tentativa e erro, recebendo feedback ou recompensas com base nas acções.

  - o **Exemplos**: Jogos (por exemplo, AlphaGo), robótica e navegação autónoma de veículos.

Redes Neuronais e Aprendizagem Profunda

- **Arquitetura da rede neural**: Imita o cérebro humano com nós interligados (neurónios) organizados em camadas (entrada, oculta, saída).

  - o **Redes feedforward**: A informação flui numa direção das camadas de entrada para as camadas de saída para tarefas como a classificação de imagens.

  - o **Redes recorrentes**: Os loops na rede permitem o processamento sequencial de dados (por exemplo, processamento de linguagem natural, análise de séries temporais).

- **Aprendizagem profunda**: Camadas hierárquicas de redes neurais aprendem representações de dados através da extração e abstração de caraterísticas.

  - o **Redes Neuronais Convolucionais (CNN)**: Especializadas para dados espaciais (por exemplo, imagens) com filtros para extração de caraterísticas e camadas de pooling para redução da dimensionalidade.

  - o **Redes neuronais recorrentes (RNN)**: Adequadas para dados sequenciais (por exemplo, texto, fala) com células de memória para processar sequências e redes de memória de curto prazo (LSTM) para aprender dependências.

Aplicações da aprendizagem automática

- **Processamento de linguagem natural (PNL)**: Compreender e gerar linguagem humana, tradução automática, análise de sentimentos e chatbots.

- **Visão computacional**: Análise de imagens e vídeos, deteção de objectos, reconhecimento facial e diagnóstico de imagens médicas.

- **Cuidados de saúde**: Análise preditiva para diagnóstico de doenças, planos de tratamento personalizados e descoberta de medicamentos.

- **Finanças**: Deteção de fraudes, negociação algorítmica, pontuação de crédito e gestão de riscos.

- **Sistemas de recomendação**: Recomendações personalizadas de conteúdos (por exemplo, Netflix, Amazon), plataformas de aprendizagem adaptativa e marketing direcionado.

Implicações éticas e sociais

- **Preconceito e equidade**: Abordar os preconceitos na formação de dados, algoritmos e processos de tomada de decisões para garantir a equidade e atenuar os resultados discriminatórios.

- **Privacidade e segurança**: Salvaguardar os dados pessoais, garantir a anonimização dos dados e proteger contra o acesso não autorizado e as violações.

- **Transparência e responsabilidade**: Tornar as decisões de IA interpretáveis e fornecer explicações (por exemplo, IA explicável) para criar confiança e responsabilidade.

- **Deslocação de postos de trabalho**: Atenuação dos impactos no emprego através da requalificação da mão de obra, criação de emprego em domínios relacionados com a IA e considerações éticas sobre a automatização.

Direcções futuras

- **Investigação interdisciplinar**: Integração da aprendizagem automática com outros domínios (por exemplo, biologia, ciências climáticas) para aplicações e soluções inovadoras.

- **Ética e governação da IA**: Desenvolvimento de orientações éticas, regulamentos e normas internacionais para reger o desenvolvimento, a implantação e a avaliação do impacto da IA.

- **Avanços no hardware de IA**: Desenvolvimento de hardware especializado (por exemplo, GPUs, TPUs) para acelerar a formação e a implementação de modelos de aprendizagem profunda.

Aplicações da Inteligência Artificial

- **Veículos autónomos**: Desenvolvimento de automóveis e drones autónomos que utilizam a IA para navegação, reconhecimento de objectos e tomada de decisões em tempo real.

- **Cuidados de saúde**: Aplicações de IA em imagiologia médica (por exemplo, ressonância magnética, tomografia computadorizada), diagnóstico de doenças (por exemplo, deteção de cancro), medicina personalizada e descoberta de medicamentos.

- **Finanças**: Algoritmos de IA para deteção de fraudes, negociação algorítmica, avaliação de riscos e automatização do serviço ao cliente nos sectores bancário e financeiro.

Robótica e automatização

- **Robótica industrial**: Automatização de processos de fabrico utilizando braços robóticos e linhas de montagem automatizadas para precisão, eficiência e controlo de qualidade.

- **Robôs de serviço**: Robôs em hotelaria (por exemplo, robôs concierges), cuidados de saúde (por exemplo, robôs cirúrgicos), agricultura (por exemplo, robôs de colheita) e tarefas domésticas (por exemplo, robôs de limpeza).

Implicações éticas e sociais

- **Deslocação de mão de obra**: Impacto da automatização nos mercados de trabalho, na reconversão da mão de obra e nas desigualdades socioeconómicas.

- **Preconceito e equidade**: Garantir que os algoritmos de IA são imparciais, transparentes e responsáveis nos processos de tomada de decisão.

- **Privacidade e segurança**: Salvaguardar os dados pessoais e impedir a utilização indevida de sistemas de IA para fins de vigilância ou maliciosos.

Direcções futuras

- **Ética da IA**: Desenvolvimento de orientações e regulamentos éticos para reger a investigação, a implantação e a responsabilização da IA.

- **Colaboração homem-robô**: Avanço da robótica colaborativa (cobots) para aumentar as capacidades humanas nos locais de trabalho e nas tecnologias de assistência.

- **IA na educação**: Experiências de aprendizagem personalizadas, sistemas de tutoria adaptativos e ferramentas educativas baseadas em IA para melhorar o envolvimento e os resultados dos alunos.

Desafios e considerações

- **Limitações tecnológicas**: Enfrentar os desafios da robustez da IA, da explicabilidade das decisões da IA e da escalabilidade dos sistemas de IA.

- **Quadros regulamentares**: Estabelecer normas internacionais e quadros jurídicos para reger o desenvolvimento da IA, a privacidade dos dados e a utilização ética da IA.

- **Perceção pública**: Educar o público sobre as capacidades da IA, desfazer mitos e promover debates informados sobre os impactos sociais da IA.

Implicações éticas e sociais

- **Privacidade e segurança**: Preocupações com a privacidade dos dados, ameaças à cibersegurança e tecnologias de vigilância.

- **Automatização e deslocação de postos de trabalho**: Impacto da automatização nos sectores do emprego e necessidade de reconversão e adaptação da mão de obra.

- **Ética da IA**: Debates sobre a ética da IA, a parcialidade dos algoritmos e a garantia de equidade e transparência na tomada de decisões automatizada.

Direcções e desafios futuros

O futuro da tecnologia é imensamente promissor e apresenta desafios significativos à medida que a sociedade navega pelos avanços em vários domínios. Este tópico explora as tendências emergentes, as tecnologias inovadoras e os desafios complexos que moldam a trajetória do progresso humano no século XXI.

Tecnologias emergentes

- **Computação quântica**: Aproveitamento da mecânica quântica para desenvolver supercomputadores capazes de resolver problemas complexos de forma exponencialmente mais rápida do que os computadores clássicos.

  o **Aplicações**: Criptografia quântica, descoberta de medicamentos, problemas de otimização (por exemplo, logística, modelização financeira).

- **Inteligência Artificial (IA)**: Os avanços na aprendizagem automática, redes neuronais e processamento de linguagem natural permitem sistemas autónomos e capacidades cognitivas semelhantes às humanas.

  o **Aplicações**: Robótica, veículos autónomos, medicina personalizada, análise preditiva.

- **Internet das Coisas (IoT)**: Expansão de dispositivos e sensores interligados em objectos do quotidiano, permitindo a recolha, análise e automatização de dados.

  o **Aplicações**: Smarthomes , dispositivos portáteis , automação industrial automação industrial, monitorização ambiental.

- **Biotecnologia e engenharia genética**: A tecnologia CRISPR-Cas9 e a biologia sintética para a edição precisa de genes, o tratamento de doenças e a agricultura sustentável.

  o **Aplicações**: Terapia génica, medicina personalizada, produção de biocombustíveis.

- **Inovações no domínio das energias renováveis**: Avanços nas tecnologias solar, eólica e de armazenamento de energia para mitigar as alterações climáticas e alcançar soluções energéticas sustentáveis.

  o **Aplicações**: Armazenamento de energia à escala da rede, veículos eléctricos, sistemas de energia descentralizados.

Desafios e considerações éticas

- **IA ética**: Abordar os preconceitos nos algoritmos, garantir a equidade, a transparência e a responsabilidade nos sistemas automatizados de tomada de decisões.

- **Privacidade e segurança de dados**: Proteger os dados pessoais, mitigar as ameaças à cibersegurança e aderir aos quadros regulamentares (por exemplo, RGPD, CCPA).

- **Automatização e emprego**: Gerir a deslocação da mão de obra, reconverter os trabalhadores para novas competências e abordar os impactos socioeconómicos da automatização.

- **Inclusão digital**: Colmatar o fosso digital para garantir um acesso equitativo à tecnologia, à literacia digital e às oportunidades para as comunidades carenciadas.

- **Impacto ambiental**: Reduzir os resíduos electrónicos, minimizar a pegada de carbono das tecnologias digitais e promover práticas sustentáveis no fabrico e utilização de tecnologia.

Impactos societais e oportunidades

- **Colaboração global**: Tirar partido da tecnologia para a cooperação internacional, resposta a crises (por exemplo, pandemias, catástrofes naturais) e objectivos de desenvolvimento sustentável.

- **Educação e desenvolvimento de competências**: Promover a educação STEM, fomentar ecossistemas de inovação e preparar as gerações futuras para carreiras orientadas para a tecnologia.

- **Transformação dos cuidados de saúde**: Integrar a telemedicina, os diagnósticos de IA e os registos de saúde digitais para melhorar a prestação de cuidados de saúde, os resultados para os doentes e as iniciativas de saúde globais.

- **Cidades inteligentes e urbanização**: Implementação de infra-estruturas IoT para uma gestão eficiente dos recursos, sistemas de transporte e melhores condições de vida urbana.

Quadros éticos e regulamentares

- **Governação e responsabilidade**: Estabelecimento de normas internacionais, diretrizes éticas e quadros regulamentares para garantir a inovação e a implantação de tecnologias responsáveis.

- **Envolvimento do público**: Envolver as partes interessadas, promover o diálogo público e dar resposta a preocupações societais sobre as implicações éticas, jurídicas e sociais das tecnologias emergentes.

A tecnologia continua a moldar o mundo de forma profunda, impulsionando a inovação, o crescimento económico e a mudança social. Abraçar os avanços tecnológicos e, ao mesmo tempo, abordar considerações éticas e desafios de sustentabilidade é essencial para aproveitar todo o potencial da ciência e garantir um futuro próspero e inclusivo para a humanidade.

Conclusão

"Desvendar os Mistérios: A ciência por detrás dos fenómenos do quotidiano" percorreu as maravilhas dos reinos natural e tecnológico, revelando os intrincados mecanismos que moldam o nosso mundo. Da beleza etérea do arco-íris às complexidades das adaptações celulares, e dos princípios fundamentais das Leis de Newton aos impactos transformadores da tecnologia da informação e das maravilhas biotecnológicas, esta exploração iluminou a interligação entre a investigação científica e a vida quotidiana. À medida que contemplamos o futuro, desafios como as alterações climáticas, a perda de biodiversidade e os dilemas éticos no domínio da tecnologia são grandes, mas também o são as oportunidades de inovação, colaboração e progresso sustentável. Ao abraçarmos o conhecimento científico com curiosidade e responsabilidade, capacitamo-nos para salvaguardar o nosso planeta, melhorar as nossas vidas e moldar um futuro em que a ciência continue a iluminar e a enriquecer a nossa compreensão do universo."

Referências

Fest, E. *Stray Light Analysis and Control* (SPIE Press, 2013).

Breault, R. P. Control of stray light, Cap. 38. Em *Handbook of Optics* Vol. 1 (eds Bass, M. *et al.*) 38.1-38.35 (McGraw-Hill, 1995).

Baglin, A. *et al.* CoRoT: Description of the mission and early results. In *Proceedings of the "ESO Astrophysics Symposia"* (eds Fridlund, M. *et al.*) 71 (2006).

Auvergne, M. *et al.* O satélite CoRoT em voo: Descrição e desempenho. *Astron. Astrophys.* **506**, 411-424.

Agência Espacial Europeia. *Instrumentos COROT.* ESA. https://www.esa.int/Science_Exploration/Space_Science/COROT/COROT_instruments. Acedido em 11 de janeiro de 2023.

Plesseria, J.-Y. *et al.* Optical and mechanical design of a straylight rejection baffle for CoRoT. In *Proceedings of the SPIE 5170, Techniques and Instrumentation for Detection of Exoplanets* (2003). https://doi.org/10.1117/12.506726.

Plesseria, J.-Y. *et al.* Análise da luz difusa do deflector externo do COROT. In *Proceedings of the SPIE 10568, International Conference on Space Optics-ICSO 2004*), 105680Y (2017). https://doi.org/10.1117/12.2307976.

Printed by Books on Demand GmbH, Norderstedt / Germany